DES SOURCES

DE L'EXACTITUDE EN MÉDECINE

CLINIQUE

DES SOURCES

L'EXACTITUDE EN MÉDECINE

CLINIQUE

PAR

M. le Dr RAMBAUD,

PROFESSEUR A L'ÉCOLE DE MÉDECINE DE LYON.

LYON

IMPRIMERIE D'AIMÉ VINGTRINIER

RUE BELLE-CORDIÈRE, 14.

1865.

DES SOURCES

DE

L'EXACTITUDE EN MÉDECINE

CLINIQUE

Mon excellent ami et savant collègue, le professeur Teissier, vous a depuis longtemps habitués, à chacun des débuts de son exercice, à venir ici entendre une première leçon, traitant ex-cathedrâ de quelque point délicat de la science. Son talent facile et fécond vous a rendu douce cette habitude, et son habileté a su si bien vous dérober les difficultés de cette tâche, que vous vous êtes trop facilement imaginé, sans doute, que je vous procurerais pareille fête et pareil plaisir. Votre affluence aujourd'hui, qui me dit votre désir, ne me donne pas les moyens de le satisfaire et ne fait que provoquer ma confusion. Je veux cependant vous montrer ma bonne volonté à suivre l'exemple d'une pratique qui vous est chère, et je vais essayer de traiter d'un sujet assez intéressant par lui-même pour captiver votre attention, susciter vos réflexions et vous permettre d'oublier celui qui en parle. Je veux vous entretenir des sources de l'exactitude en médecine clinique.

Vous entendrez souvent reprocher aux études que nous devons pratiquer ensemble, de manquer de certitude, de ne reposer que sur des conjectures plus ou moins plausibles. Des médecins, peut-être, proh pudor! vous diront que jamais vous ne trouverez de satisfactions réelles dans cette vaine poursuite d'une vérité toujours insaisissable, et que votre désir d'être utile, s'il est quelquefois satisfait, ne le sera jamais que par le hasard. La jeunesse est confiante, et la foi qui vous a conduits sur ces bancs ne sera certainement pas ébranlée par ces tristes présages, et c'est peut-être prendre une peine inutile que de chercher à vous rassurer au moment de votre initiation. Cependant je pense qu'il y aura peut-être quelque profit pour votre instruction à discuter sommairement devant vous les procédés et les méthodes au moyen desquels la clinique assure la sécurité et l'exactitude de ses investigations, et conquiert une certitude qui en fait une vraie science et non point une vaine et stérile spéculation de l'esprit.

Chacune des branches des connaissances humaines tend à l'exactitude et aux progrès, par des voies qui lui sont propres, et demande à ceux qui la cultivent, l'exercice prépondérant de telle ou telle des facultés intellectuelles. La permanence et l'invariabilité des lois qui régissent la matière brute ont permis de créer des méthodes fixes et invariables aussi, au moyen desquelles on peut, dans toutes les conditions, l'étudier avec le même fruit. L'homme vivant, l'homme malade, être complexe, merveilleuse agrégation de matières diverses, d'actes physiologiques, intellectuels et moraux, essentiellement variables et changeants, exige de

ceux qui prétendent l'étudier et le soulager dans ses afflic-
tions, qu'ils fassent usage de toutes leurs facultés intellectuelles et morales, et, surtout, qu'ils n'oublient jamais èt
sa complexité et la mobilité des actes qui émanent de lui.

Ceci bien établi, voyons comment il est possible d'arriver, avec quelque certitude, à résoudre les problèmes po-
sés à la clinique. Etant donné un malade, la première
question qui se pose est celle de savoir ce qu'il en est de
l'intégrité anatomique de ses organes. Pour atteindre ce
but, nous sommes armés de moyens d'investigation phy-
siques, aussi exacts et précis que possible dans la grande
majorité des cas qui peuvent se présenter, pourvu que nous
ayons appris, par un long et patient exercice, à les manier
habilement. L'oreille peut nous dire toutes les modifications survenues dans le parenchyme pulmonaire, dans la
plèvre, dans le cœur et son enveloppe, dans les gros vais-
seaux ; aidés de la percussion et de la palpation, ces ren-
seignements atteignent presque à la certitude mathématique.

La palpation et la percussion peuvent nous apprendre
assez convenablement tous les changements de forme, de
consistance et de rapports survenus dans les organes abdo-
minaux.

Nous pouvons conduire nos doigts et nos yeux, seuls, ou
aidés d'instruments d'un maniement facile, jusqu'à de no-
tables profondeurs dans les ouvertures naturelles et constater, avec leur secours, des modifications de couleur, de
sécrétion, de tension, de la plus haute importance.

La chimie et la physique nous fournissent, dans cer-

tains cas, des moyens d'exploration d'une grande préci-
sion, qui complètent admirablement ceux auxquels je viens
de faire allusion ; si bien qu'on peut vraiment affirmer
qu'une investigation un peu attentive au lit du malade,
permet souvent de constater, avec une suffisante certitude,
les dégradations anatomiques variées, les modifications
matérielles diverses, qui peuvent s'être substituées aux
formes anatomiques normales.

Cette connaissance initiale, d'un prix inestimable, car elle
nous dit souvent, à elle seule, ce que nous devons craindre
et ce que nous devons espérer, et que quelques-uns consi-
dèrent comme suffisante au clinicien, n'est cependant que
le commencement et une partie relativement médiocre de
ce que nous devons connaître ; car il ne suffit pas de savoir
que l'instrument est altéré, il importe surtout d'apprécier
en quoi et comment cette altération peut nuire aux fonctions qu'il est chargé d'accomplir.

Qu'importerait, en effet, la lésion organique, si la fonc-
tion qui doit entretenir la vie était suffisante ? Ici notre tâche
devient plus délicate et plus difficile ; il faut que nous
connaissions nettement les conditions et le rôle de chacune des fonctions qui concourent à la vie, que nous sachions apprécier en quoi elles pèchent, que nous puissions
corriger certains excès, relever certaines défaillances, les
substituer souvent les unes aux autres, atténuer les défec-
tuosités qui les enrayent, que nous sachions, enfin, dans
les maladies aiguës, par exemple, profiter de ce qui leur
reste d'énergie pour les aider à soutenir des épreuves pas-
sagères. Éclairé par les renseignemements de la physiolo-

gie, soutenu par une expérience qui sait voir et apprécier, le clinicien qui applique sérieusement toutes les forces de son esprit à bien discerner les menus détails et l'ensemble des troubles fonctionnels, peut certainement arriver à cet important résultat de guérir souvent, ou tout au moins de savoir reconnaître l'impuissance de la nature et de l'art et de pouvoir pronostiquer la mort ; ce qui est encore, à défaut de mieux, un honneur pour la science.

Mais les lésions anatomiques et les perturbations fonctionnelles, que je viens de signaler, ne sont pas des phénonomènes isolés, issus du hasard, sans liens, ni rapports les uns avec les autres ; ils procèdent d'une unité physiologique, ils doivent donc représenter une unité morbide dont ils sont les éléments. La nosologie, née de l'expérience, lentement amoncelée par nos prédécesseurs, nous fournit ici un précieux concours ; elle nous apprend à classer ces phénomènes, à les considérer dans leur ensemble, dans leur origine et dans leur fin.

Elle donne à cette réunion d'actes et de faits un nom, qui est une notion synthétique d'une exactitude parfaite, et qui nous dit par un seul mot les dangers à redouter, les modes de guérison divers, ce qui doit éveiller nos craintes ou nos espérances, et surtout ce qui doit solliciter particulièrement notre attention. Mais là finit son rôle ; comme l'anatomie et la physiologie, elle a fourni son contingent de lumières et d'avertissements au clinicien, elle l'a armé et préparé pour la lutte, elle ne doit pas prétendre àdiriger tous ses pas, à commander tous ses actes, à réglementer minutieusement sa conduite vis - à - vis d'individualités essentiellement variables et mobiles.

Arrivée là, la clinique que je viens de vous montrer, armée de méthodes et de moyens d'investigations si précis et si certains, va-t-elle flotter dans l'incertitude et se trouver livrée à tous les hasards? Nullement, messieurs; seulement l'exactitude à laquelle elle peut désormais atteindre est d'une nouvelle espèce; ce n'est plus l'exactitude de la physique et du théorème mathématique, c'est une exactitude mobile et changeante, qui échappe à la formule, qu'il faut chercher dans chaque cas particulier, et qui ne vous échappera pas, si vous savez précisément vous défendre contre ces assertions mensongères qui prétendent que chaque maladie, que chaque affection est dans tous les temps et chez tous les individus exactement semblable à elle-même; si vous savez discerner les nuances, distinguer les analogies et répudier cette fausse et prétentieuse exactitude qui veut confondre des choses qui ne se ressemblent pas parfaitement et étreindre dans une formule des phénomènes d'une prodigieuse mobilité; si vous savez bien poser le problème, et procéder à sa solution par des voies et moyens qui appartiennent en propre à la clinique et non à d'autres sciences ; car arrivée à ce terme c'est à elle-même, à son expérience particulière qu'elle doit demander les moyens de conquérir cette exactitude, qu'on a vainement cherché à lui assurer en s'écartant de la voie indiquée par la nature et l'essence même du problème.

Les symptômes recueillis et classés, l'affection morbide nettement déterminée, si vous étudiez avec soin celui qui

les porte, vous recueillerez dans cette étude des enseignements précieux qui pourront, presque avec une certitude
rigoureuse, vous faire pressentir des particularités insoli-
tes, vous fournir des indications, et donner à votre conduite thérapeutique une direction spéciale, en vue d'un
avenir que votre sagacité aura pressenti. L'enfance vous
fera redouter des violences inflammatoires, promptes cependant à s'apaiser, certains processus morbides fâcheux,
et votre attention sagement éveillée et prémunie, saura souvent saisir sur ces mobiles physionomies un signe, un pli, un
éclair qui vous permettra de prévenir une complication, ou
de deviner et d'annoncer quelque redoutable aventure.

La vieillesse vous laissera toujours craindre la faiblesse
et la déchéance radicale et prochaine des réactions, malgré
de trompeuses apparences d'énergie, et préservera votre
médication des témérités antiphlogistiques ou d'une diète
intempestive. Les tempéraments, les professions, les habi-
tudes hygiéniques, fournissent des notions précieuses et
aussi exactes que possibles, à ceux qui savent les apprécier, et les interroger à la lumière de la saine expérience
clinique. Les mêmes maladies ne se comportent pas de la
même manière à la campagne, en ville, à l'hôpital, dans le
boudoir et dans la mansarde; il y a longtemps que de
grands praticiens l'ont proclamé, et vous pouvez connaître aujourd'hui à l'ardent souci qui préoccupe les chirur-
giens des grands centres, pour trouver le moyen de pratiquer les opérations graves, en dehors des vastes agglomé-
rations d'hommes, combien cette vérité s'est répandue et
vulgarisée.

En dehors de ces sources de variations morbides et d'exactitude clinique pour qui sait y puiser, qui sont depuis longtemps connues et catégorisées, il en est d'autres plus intimes, exceptionnelles et imprévues qui ne se révèlent qu'à l'expérimentation thérapeutique ; je veux parler, de ces susceptibilités physiologiques, inexplicables et quelquefois étranges, qui montrent tel sujet rebelle ou sensible à l'excès, à une médication, à un remède ou à une substance quelconque ; je connais un prêtre qui ne peut manger la moindre parcelle d'un jaune d'œuf, sous n'importe quelle forme, sans être pris de vomissements énergiques et d'un herpès labialis. La saignée, l'opium, les purgatifs dans des conditions de maladies et de personnes en apparence identiques, produisent souvent, aux mêmes doses, des effets fort dissemblables ; et les internes de ma génération se rappelleront sans doute avec moi, qu'une femme était empoisonnée et mourait à St-Charles, par le fait d'une application de moins de cinq centigrammes de morphine sur un vésicatoire, tandis que nous voyions tous les jours avec un étonnement stupéfait, une jeune fille couchée aux deuxièmes femmes, s'ingérer des doses énormes de ce même sel toxique, sans en éprouver aucun effet appréciable.

Considérée en elle-même, dans son unité, dans sa personnalité, si je puis ainsi dire, la maladie abonde en informations exactes et précises. La régularité de la marche, le développement successif des symptômes en temps opportun, leur coordination, la parfaite pondération de leurs rapports, qui témoignent que l'acte morbide s'accomplit suivant les lois de la physiologie pathologique, peuvent

certainement inspirer la sécurité et modérer la médication ;
tandis que l'ataxie, la prédominance exclusive d'un symptôme, le défaut d'harmonie doivent exciter la défiance et
l'attention et commander une thérapeutique active et de
circonstance, qui n'est pas toujours celle que réclame habi-
tuellement la maladie. Mais si vous voulez profiter de ces
enseignements, il faut que vous ayez toujours présente à
l'esprit cette notion précieuse de l'unité morbide, du rap-
port nécessaire des symptômes, de la nécessité de quelques-
uns d'entre eux ; que vous ne pensiez pas que tout est mau-
vais dans cette expression symptomatique et qu'il faut
l'anéantir sous les coups redoublés d'une médication à
outrance ; que vous ne fassiez pas, en un mot, cette médecine du symptôme, la plus détestable de toutes, car elle est
fille de l'ignorance clinique. C'est celle des gens du monde,
des médicastres et des homœopathes, de tous ceux que n'ont
point éclairés de saines et sérieuses études cliniques. Ce
serait peu de chose qu'elle fût inutile et impuissante ; mais
entre des mains qui sèmeraient à profusion une médication
énergique et intempestive, elle pourrait avoir de graves in-
convénients dont le moindre, à coup sûr, serait d'entra-
ver les efforts réparateurs de la nature et de créer une affection hybride pleine d'obscurités et de dangers de toute
espèce.

Considérée dans ses éléments, dans son unité harmoni-
que, dans son origine et ses tendances, dans les conditions
qui procèdent de l'individu, la maladie peut donc dévoiler
une partie de ses mystères à celui qui la poursuit de
ses patientes et minutieuses investigations, et lui livrer

le secret de la combattre plus ou moins efficacement.

Les conditions extérieures de climats, de saison, d'épidémie, de constitution médicale, qui exercent sur les manifestations morbides, les sérieuses et si graves influences que je signalais, l'année dernière à pareille époque à votre attention, sont encore des sources fécondes, que j'indique sommairement, et où la clinique puise à larges mains des enseignements, des indications, des pronostics, dont la sûreté et l'exactitude égalent l'importance. Enfin quand l'obscurité se fait décidément sur sa route, quand elle semble le plus dénuée de toutes lumières, elle peut encore guider sa marche incertaine par le sage et prudent usage du tâtonnement thérapeutique, par cette pratique désignée par l'expression aphoristique : *a lœdentibus et juvantibus*, véritable bâton de l'aveugle, dernière et précieuse ressource, dans les cas extrêmes, pour ceux qui savent en user avec modération et sagacité.

Vous le voyez, Messieurs, la clinique n'est point une science deshéritée de sources d'informations ; tout autant qu'aucune autre, elle possède des moyens efficaces de poursuivre et d'atteindre la vérité qui est son but et sa fin. La physique, là chimie, l'anatomie, la physiologie, la nosologie, la thérapeutique, l'étude de la maladie, du malade et de ce qui l'entoure et l'influence, lui fournissent tour à tour et à l'envi, des méthodes d'investigation et des parcelles de vérité, qu'elle discute, qu'elle contrôle, qu'elle assemble, qu'elle coordonne et avec lesquelles elle édifie sa conception complexe et arrive, avec sécurité et certitude suffisantes, à connaître exactement l'homme malade,

les moyens de le guérir ou de le secourir, ou tout au moins
de pronostiquer sûrement le sort que l'avenir lui réserve
prochainement. Et si les résultats, auxquels elle est arrivée
aujourd'hui, ne sont pas encore pleinement satisfaisants,
si la mort vient encore trop souvent déjouer ses efforts et
ses calculs, ce n'est pas à elle qu'il faut l'imputer, mais bien
aux sciences qui lui servent de bases et dont elle est
comme l'efflorescence ; car c'est de ces sciences préliminaires, qui tendent à découvrir et à déterminer les sources
et les conditions de la vie, qu'elle tire sa plus grande force
et ses ressources les plus précieuses. Mais si la clinique,
en tant que science, est désintéressée à l'avance dans les
reproches qu'on fait quelquefois peser sur elle, ses adeptes,
ceux qui sont chargés de la comprendre et de l'appliquer,
peuvent-ils également se soustraire à toute incrimination ?
Je ne le pense pas, Messieurs, et trop souvent peut-être il
ne serait que juste de renvoyer au clinicien les impu-
tations que n'a pas méritées la clinique.

Nous ne sommes pas, malheureusement, toujours suffi-
samment préparés par de solides études, à ce labeur des
recherches cliniques, qui exige cependant tant et de si sérieuses connaissances préliminaires ; mais les plus graves
écueils que nous ayons à éviter, procèdent peut-être moins
de cette insuffisance scientifique que de nous-mêmes, et
de la manière dont nous comprenons et accomplissons la
tâche qui nous est dévolue : notre esprit est paresseux et
se résigne malaisément à chercher de nouveau ce qu'il
pense avoir découvert une première fois. Il est si doux et
si commode de dormir sur l'oreiller de la notion acquise
et de la formule type, que nous aimons mieux croire à des

ressemblances absolues, que de supposer et de rechercher des nuances délicates à saisir. Chacun, nous avons nos préférences instinctives pour telle ou telle partie du problème, pour telle ou telle méthode intellectuelle ; celui-ci attribue à l'anatomie pathologique, à quelque aperçu physiologique encore mal assuré une importance abusive ; celui-là se perd dans d'inutiles minuties de la symptomatologie ; cet autre ne croit qu'à l'analyse, et celui-là s'absorbe dans les conclusions nuageuses d'une synthèse illégitime et prématurée ; quelques-uns, faute de vouloir regarder deviennent promptement sceptiques, et d'autres, faute de le savoir, s'animent, s'enthousiasment, s'illuminent presque, voient tout ce qu'ils désirent, s'égarent au travers d'illusions dangereuses ou puériles et s'enivrent de théories préconçues.

La clinique répudie et condamne toutes ces appréciations incomplètes, toutes ces perversions, toutes ces aberrations intellectuelles ; elle veut que le problème soit bien posé et sa solution poursuivie par une intelligence nette, précise, sagace et familiarisée avec tous les procédés, avec toutes les méthodes qui tendent à la découverte de la vérité. Travaillez donc, Messieurs, à façonner votre jugement, à l'assouplir aux dures sévérités de la vraie logique, aussi bien qu'à meubler votre mémoire ; et pour vous encourager à vous guider dans cette voie, ayez toujours présente cette profonde pensée de Zimmermann : que celui-là seulement acquiert de l'expérience en clinique, qui sait voir, tout voir et bien voir.

9 782013 028769